L'AZOTE

DANS

LES EAUX MINÉRALES

PAR

M. LABAT

Docteur en Médecine
Membre de la société d'Hydrologie
de Paris.

PARIS

IMPRIMERIE F. LEVÉ

17, RUE CASSETTE, 17

—

1889

L'AZOTE

DANS

LES EAUX MINÉRALES

PAR

M. LABAT

Docteur en Médecine
Membre de la société d'Hydrologie
de Paris.

PARIS

IMPRIMERIE F. LEVÉ

17, RUE CASSETTE, 17

—

1889

L'AZOTE DANS LES EAUX MINÉRALES

Par M. Labat.

Les gaz n'ont qu'une importance secondaire dans les eaux minérales, par rapport aux parties fixes. L'azote n'a qu'un rôle inférieur comparé à l'acide carbonique. Nous tâcherons de l'apprécier à sa juste valeur.

Ce gaz faisant partie de l'air atmosphérique, il est facile aux chimistes de l'isoler en faisant intervenir des corps avides d'oxygène, tels que le phosphore, le cuivre chauffé au rouge, etc. D'une manière générale, tous les phénomènes d'oxydation peuvent lui donner naissance. Nous nous servirons de ces données pour établir la théorie de son origine.

L'azote ou Nitrogène (Az. ou N) est un produit fréquent des orifices volcaniques et des eaux thermo-minérales.

Il a été recueilli par de Humboldt dans les volcans de boue de Turbaco (Amérique); par Sainte-Claire-Deville dans les fumerolles de Sicile ; par Gorceix dans la solfatare de Pouzzoles ; par Bunsen et autres, etc. En Sicile il était mêlé d'hydrogène carboné; à Torre del Greco, d'hydrogène carboné et d'acide carbonique ; à Pouzzoles, d'acide carbonique et d'hydrogène sulfuré.

Dans les fumerolles volcaniques, dans les salses d'Italie et du Caucase on trouve de l'air plus riche en azote.

Il semble naturel de supposer que l'air atmosphérique est le grand réservoir où a été puisé l'azote, les ouvertures volcaniques agissant comme des cheminées d'appel, et l'oxygène s'employant à des combustions.

L'air étant soluble dans l'eau, et les eaux de toute nature se trouvant en contact incessant avec l'atmosphère, aussi bien dans les profondeurs qu'à la surface, il n'est pas étonnant que l'azote se trouve dans presque toutes les eaux.

Le coefficient d'absorption des deux gaz qui constituent l'air a été fixé ainsi qu'il suit par Bunsen :

	AZOTE	OXYGÈNE
A 0 degré,	0,02	0,041
A 15 »	0,015	0,030

Regnault et les Chimistes français donnent des coefficients un peu supérieurs :

$$Az = 0,025 - O = 0,046.$$

Quoi qu'il en soit, l'oxygène est environ deux fois plus soluble que l'azote et, si nous adoptons les chiffres de Regnault, nous voyons qu'un litre d'eau peut dissoudre 25 c. c. d'azote contre 46 c. c d'oxygène.

Cette différence de solubilité nous explique pourquoi les eaux superficielles sont aérées par un mélange gazeux différant de l'air atmosphérique dans les proportions des deux gaz. Gay Lussac et Humboldt ont trouvé dans l'eau de rivière : oxygène 32, azote 68, au lieu de 21 et 79 ; Poggiale, dans ses nombreux essais sur l'eau de Seine, a donné une moyenne de 1/3 d'oxygène et 2/3 d'azote au lieu de

1/5 et 4/5. Quant au volume de gaz absorbé, il a varié avec la température ; à 0° 36 c. c. ; à 25° 18. Le fait est surabondamment démontré ; plus une eau douce subit le contact de l'air, plus elle s'enrichit en oxygène. Les chimistes en ont tiré une preuve que les deux gaz sont mélangés et non combinés.

L'air pénétrant dans les cavités et dans les fissures du sol est en contact avec les eaux souterraines ; aussi elles sont aérées, mais dans une proportion inverse : l'azote domine, il est même presque pur dans certains cas, par exemple l'eau des puits de Grenelle et de Passy. L'air des mines étant plus riche en azote, il s'ensuit que l'eau des mines l'est également.

Ici la question de solubilité n'est plus en jeu, mais bien la question de réaction chimique ; l'oxygène a été utilisé à l'oxydation, tandis que l'azote est resté sans emploi.

Il y a déjà longtemps qu'Anglada signalait la présence de l'azote dans les eaux sulfureuses des Pyrénées ; il en rapportait l'origine à l'air souterrain, dont l'oxygène avait oxydé les principes sulfureux. Filhol a vérifié l'exactitude de cette assertion. Les eaux de cette chaîne émettent du nitrogène presque pur, et Bagnères en renferme de 12 à 22 c. c. ; cette proportion est rarement dépassée.

Les eaux thermales simples en renferment presque toutes. Déjà Lhéritier avait trouvé à Plombières azote 92, oxygène 6 à 8 0/0 ; Lefort, analysant les gaz spontanés des sources, a trouvé de 81 à 98 0/0 de nitrogène et 1 0/0 de CO_2 ; la quantité absolue de nitrogène n'étant que de 12 à 13 c. c. par litre. Le même chimiste nous donne 14 c. c. pour l'eau de César (Mont-Dore). Dans l'eau de Néris, c'est de l'azote pur, 13 c. c. à 0 degré, pression 760.

D'après les analyses des chimistes allemands, Pfeffers contiendrait 37 c. c.; Gastein 20 c. c. par litre; Teplitz 88 à 98 0/0 ; Wildbad 94 à 96 ; Louèche en Valais 98 à 99. Il y a aussi du gaz nitrogène à Landeck, Warmbrun, etc.

En Angleterre, Bath contient 96 0/0, Mallow (Irlande) 94 ; nous parlerons plus loin de Buxton. Inutile de mentionner Yalova dans l'Asie mineure, Moughyr dans l'Inde, Reusselaer, (États-Unis d'Amérique.)

Il y a aussi des sources minéralisées de façon diverse, telles que Baden-Baden, Baden-Argau, Baden by Wien, Abano (Italie), Porlà (Suède), dans lesquelles l'azote a été rencontré souvent mêlé de CO_2.

Dans toutes ces analyses le fait dominant est la proportion centésimale de l'azote par rapport à l'oxygène, qu'il soit associé ou non à d'autres gaz, principalement l'acide CO_2.

Un autre fait mis en relief par Lersch, c'est la faible proportion du gaz nitrogène dissous dans les eaux thermo-minérales, proportion semblable à celle que l'on rencontre dans les eaux douces ; il y trouve un argument pour rapporter l'origine de ce gaz à l'air atmosphérique dans l'un et l'autre cas. Ce fait n'a pas lieu de nous étonner puisqu'il découle de la loi physique du coefficient d'absorption.

Telles sont les principales notions qu'il convenait d'exposer avant de s'engager dans la discussion relative aux eaux dites *azotées*. Nous y puiserons les arguments nécessaires pour combattre les erreurs chimiques et les théories de thérapeutique thermale aventurées ; pour démontrer que sous l'apparence d'un progrès, on a introduit des idées chimériques en hydrologie.

C'est en Espagne que la question des *eaux azotées* s'est posée avec le plus de netteté et le plus de retentissement. Depuis Rubio, l'azote est considéré par la plupart des hydrologues de la Péninsule comme agent médicamenteux de certaines eaux. On en a fait une certaine classe d'*eaux nitrogénées* ajoutée aux anciennes classes, et nos confrères Espagnols paraissent étonnés que cette classe nouvelle ne figure pas dans les Traités classiques d'Hydrologie. Nous avons pu voir, au Congrès de Biarritz, avec quelle ardeur ils défendaient leur thèse.

Martial Taboada, 1870, résume ainsi les trois assises principales de l'édifice des eaux nitrogénées :

1° *Predominio quimico notable.*

2° *Predominio terapeutico.*

3° *Mineralization indiferente.*

Voyons ce qu'il y a de fondé dans ces trois caractères.

La *prédominance chimique* se base sur des assertions vagues et hasardées, telles que celle-ci : Panticosa *fuente del higado la mas saturada de azoe de Europa.* Panticosa, Caldas de Oviedo, Ubilla, renferment *enormes masas de azoe* (Hernandez). En effet Herrera indique pour Panticosa *fuente del higado* 710 c. c.; *los herpes* 474 c. c.; Arnus 644 c. c.; Almendariz 110 c. c. Nous sommes loin du coefficient 25 c. c., et quelque pression qu'on invoque, on concevra difficilement que l'eau absorbe vingt ou trente fois plus de gaz que sous la pression normale.

Au Congrès de 1886, Saenz-Diaz et Ximenez de Pedro nous donnent pour les eaux azotées de Panticosa, Urberuaga de Ubilla, Caldas de Oviedo, Alzola, Arlauzon, La Aliseda, des chiffres plus modestes, 12 à 32 c. c. C'est Ubilla qui tient la tête, mais Panticosa n'a plus que 25 c. c. Que devient alors l'assertion de Ximenez qui fixe à 25 c. c. la quantité active de l'azote?

On voit dans quel embarras se mettent des médecins distingués pour les besoins d'une mauvaise cause. Il est clair que les Eaux d'Espagne ne contiennent pas des quantités de nitrogène supérieures à celles des eaux étrangères, et même de certaines eaux douces. N'est-il pas étonnant que cette erreur se soit accréditée dans la Péninsule ?

L'*action thérapeutique* n'est pas établie sur de meilleurs arguments. C'est en vain que Bonilla et Salgado font ressortir les propriétés de l'azote, partie intégrante de composés chimiques actifs et d'aliments plastiques. Il est incontestable que ce gaz entre dans la constitution d'une classe d'aliments réparateurs de l'organisme ; qu'il forme l'ammoniaque avec l'hydrogène, l'acide azotique avec l'oxygène, le cyanogène avec le carbone, etc. Que nous importent ces combinaisons, à nous hydrologues cliniciens ? Nous ne voyons dans le nitrogène que des propriétés aussi négatives en thérapeutique qu'en chimie. Les corps simples les plus inoffensifs peuvent entrer dans la constitution de composés binaires énergiques, et, réciproquement, des corps très actifs peuvent perdre leur puissance par la combinaison. Le soufre, assez innocent par lui-même, uni à H ou O, devient SH ou SO^3, qui sont des composés toxiques et corrosifs. D'autre part, SO^3 et NaO, deux composés binaires très puissants, se réunissent pour créer un nouveau corps SO^3 NaO, sel neutre d'une activité modérée.

Les eaux azotées s'administrent en boisson, en bains, surtout en inhalations dans des salles communes ou séparées, où l'eau vient se briser sur des disques. Reconnaissons que les inhalations de Panticosa et Urberuaga laissent peu à désirer. La température du milieu varie de 20 à 25°. A Urberuaga, après une séance de quinze minutes, Ximenez a trouvé dans l'atmosphère de la salle Az, 87 ; O, 11 ; CO^2, 2 en chiffres ronds. Dans la salle d'Alhama, Salgado n'avait trouvé que Az, 82 ; O, 17 et CO^2, 1. Ces dernières proportions ne s'éloignent pas assez de l'air ordinaire pour être prises en grande considération. Il nous semble qu'on ne tient pas un compte suffisant de CO^2, lequel, à la dose de 1 à 2 %, peut modifier l'acte respiratoire.

Les phénomènes signalés à la suite de ce traitement sont le ralentissement du pouls, la facilité de la respiration, le calme du système nerveux ; en un mot la sédation. La toux férine est apaisée, et les engorgements pulmonaires tendent à la résolution ; succès plus marqués chez les jeunes phtisiques de 15 à 20 ans (Arnus).

Ces résultats heureux ont été contestés par Hernandez dans la discussion sur les eaux azotées au sein de la Société hydrologique de Madrid, 1877. Il reconnaît certains effets de l'inhalation, mais il doute qu'il faille les rapporter à l'azote. Je suis parfaitement de son avis, et je m'estime heureux, tout en m'inclinant devant les observations de mes confrères espagnols, de trouver dans cette discussion les arguments nécessaires pour anéantir la classification des eaux azotées. Ces arguments me sont fournis par Hernandez et Almendariz.

En effet, l'azote doit agir en s'introduisant dans l'organisme. Or la boisson ne peut en introduire qu'une quantité minime par le tube digestif, puisqu'un litre d'eau ne contient en moyenne que 25 c. c. De plus rien ne prouve qu'il soit absorbé. Quant aux bains, c'est l'absorption cutanée qui serait en jeu ; cette absorption est encore moins démontrée que la précédente. Reste l'introduction par la voie pulmonaire, plus facile à concevoir et plus en rapport avec les faits physiologiques ; malheureusement, les expériences des savants n'autorisent pas à affirmer l'introduction de l'azote dans le sang. Il a fallu torturer les explications par l'hypothèse gratuite d'un état allotropique de ce gaz. Combien n'a-t-on pas abusé de l'allotropie au sujet de l'ozone !

Il est un argument meilleur à opposer à nos adversaires. Nous vivons au sein de l'atmosphère riche en azote ; notre peau en est baignée constamment ; nous le respirons, nous le déglutissons ; nous l'avons à profusion dans nos aliments. Est-il bien la peine d'aller le chercher dans les eaux dites azotées ? Enfin nous l'avons à notre portée dans toutes les eaux douces.

Comment expliquer les effets des salles d'inhalation ? Quand l'atmosphère est notablement azotée, nous pouvons rationnellement invoquer la diminution de l'oxygène ; l'azote devient, comme le dit Almendariz, *regulador en la absorcion del oxygeno por los pulmones;* en un mot, c'est un modérateur de l'oxygène, n'exerçant par lui-même aucune action.

Nous conclurons donc avec Hernandez qu'il manque à l'azote *el genio terapeutico décidido;* avec Almendariz qu'il ne diffère en rien du gaz contenu dans l'air, et n'a aucune propriété physiologique ou thérapeutique déterminée.

Arrivons au troisième point, la *minéralisation indifférente.* Les eaux azotées énumérées au Congrès de 1886 par S. Diaz ne renferment, en effet, que 0.08 à 0.6 de principes fixes, ce qui les range parmi les thermales simples ; elles n'ont d'ailleurs aucun élément actif. De cette façon, les auteurs espagnols ont exclu les sulfureuses de nos Pyrénées françaises, dont le sulfure de sodium est la caractéristique ; ces eaux étant aussi azotées que les leurs les gênaient dans leur argumentation. Ils n'ont pas pris garde que la plupart des eaux thermales simples, Plombières, Néris, Gastein, Teplitz, etc., sont azotées, sans élément sulfureux.

Les eaux thermales simples occupent une place importante en hydrologie. De ce qu'elles renferment de l'azote ou un air plus azoté, on n'est pas en droit de conclure que ce gaz est leur élément actif ; c'est le vice du raisonnement de nos confrères espagnols. Ont-ils donc oublié qu'on s'est évertué, sans succès, à chercher le principe agissant de ces sources mystérieuses? qu'on a invoqué tour à tour l'arsenic infinitésimal, le fluor, le cuivre, l'électricité? En vain nos théories sont démolies successivement ; nous ne pouvons nous résoudre à confesser notre ignorance. Pour ma part, je préfère encore le *quid divinum* à de fausses conceptions.

Les trois piliers de l'édifice des eaux nitrogénées sont tellement ébranlés qu'il croule nécessairement. Conclusion : Dans l'état actuel de la science, il n'y a pas lieu de créer, en hydrologie, cette nouvelle classe.

La question des eaux azotées n'est pas restée au delà des Pyrénées ; elle s'est élevée aussi en Angleterre et en Allemagne.

Buxton (Derbyshire) est une élégante station du nord de l'Angleterre, que j'ai visitée en 1871, et où j'ai pu recueillir des données sur l'azote.

En 1784, Pearson signalait dans cette eau un gaz spécial différent de l'air ; ce gaz présentait les caractères de l'azote ; il l'estimait à 1/14 du volume, 72 c. c. En 1819, Scudamore n'y trouvait plus que 6 pouces cubes par gallon, soit 20 c. c. par litre.

Plus tard, 1852, L. Playfair, analysant le gaz spontané, y signalait la pureté du nitrogène avec 1 0/0 de CO_2 ; mais il avait le tort grave de doser le nitrogène par rapport à CO_2 dissous dans l'eau, ce qui lui donnait 206 pouces par gallon, près de 750 c. c. par litre. C'est une proportion aussi exagérée que celle de Herrera à Panticosa et, par la même raison, nous ne pouvons l'admettre.

En 1860, Musspratt de Liverpool a dépassé toute mesure, en consignant dans son analyse 504 pouces cubes par gallon, environ 1,800 c. c. par litre ; c'est-à-dire 72 fois le coefficient d'absorption. Le débit approchant de 2,000 mètres cubes par jour, la quantité de nitrogène serait énorme, comme le dit l'auteur. Comment n'a-t-on pas reculé devant de pareilles énormités ?

Voici ce que j'ai observé. La source *Anna's Well*

dont on boit, ne m'a pas paru très gazeuse ; quant aux bains, *natural baths*, où l'eau émerge par des orifices percés à travers les dalles, elle rejette de grosses bulles et de plus petites en chapelet ; mais, dans le bain, elle pétille peu, et les poils ne se couvrent point de bulles, comme dans les bains fortement gazeux de Kissingen, de Nauheim, de Pyrmont, etc.

Le Dr Robertson qui avait une longue pratique de Buxton me parut convaincu du rôle de l'azote, en boisson et en bains. Il me fit part d'une théorie en cours, assez étrange, qui expliquait l'action de l'azote, par sa transformation en AzH^3 dans le sein de l'économie.

En Allemagne, certaines sources azotées ont également attiré l'attention des hydrologues ; je veux parler des eaux de Lippspringe et d'Inselbad, près de Paderborn en Westphalie. J'ai eu l'occasion de visiter cette contrée, et j'ai constaté qu'il existait des émanations nombreuses de gaz azote dans les environs.

Le Dr Rohden pratiquait alors à Lippspringe ; il me fit entrer dans une grande salle en forme de rotonde où l'eau minérale se tamisait sur des fagots. Les malades se soumettaient aux inhalations deux fois par jour, 1/2 heure ou 1 heure au plus. Il y avait d'autres salles plus petites. La température ne dépassait pas 21° C. C'est la température de la source Arminius ; sa minéralisation est de 2.4 par litre.

Inselbad, plus près de la ville de Paderborn, est une création du Dr Horling. Le gaz de la source Ottilien recueilli dans un gazomètre, va aux salles d'inhalation et aux chambres de bain.

Ici l'exagération dans les proportions du gaz nitrogène est moins grande. On indique pour Lippspringe 60 c. c. par litre, pour Inselbad 120; Bischoff avait trouvé 44 pour Lippspringe ; Lersch met en doute ces chiffres en se fondant, comme nous l'avons fait, sur le coefficient d'absorption de Bunsen, 0.015 à la température ordinaire. Cependant il admet comme possible une quantité plus élevée due à la pression souterraine.

Les chimistes ont trouvé le gaz de l'Arminius composé ainsi : nitrogène 90; oxygène 7; CO^2, 3. Celui d'Inselbad : nitrogène 97; CO^2, 3. D'autres analyses donnent des chiffres différents, l'azote étant toujours dominant en tant que proportion centésimale. Du reste, on sait que les gaz émanant des sources ne sont pas constants dans leur constitution.

Voici maintenant ce que nous apprennent Rohden et Horling sur les effets physiologiques et thérapeutiques des inhalations azotées.

La respiration, d'abord gênée, devient plus égale et plus profonde ; le pouls diminue de fréquence, 6 à 10 pulsations, et s'assouplit ; pâleur de la peau, abaissement de la température, quelque tendance à l'étourdissement au début, diminution de l'urine et de ses principes fixes, etc. Le système nerveux se calme, le sommeil est plus régulier, l'appétit augmente et la nutrition s'améliore d'une manière générale ; effet sédatif.

La sédation produit chez les malades diminution de la dyspnée et de la toux, facilité des crachats, apaisement des douleurs. Ces résultats sont remarquables chez les tuberculeux ; l'augmentation de là capacité pulmonaire enraye les hémoptysies, et la résolution des engorgements se vérifie par l'examen du thorax.

Fisher signale l'amélioration des catarrhes chez les jeunes sujets au début de la phtisie ; nous avons vu la même remarque à Panticosa. Weber considère l'inhalation azotée comme très efficace dans l'éréthisme des voies respiratoires, dans les diverses maladies de poitrine.

L'hypothèse d'une action spécifique du gaz nitrogène n'est point admise par les auteurs d'hydrologie allemande : Seegen, J. Braun, Helft, Valentiner sont unanimes pour le considérer comme un corps inerte, et ils ne voient d'explication rationnelle de ces faits que dans la diminution de l'oxygène. Nous nous rangeons volontiers à cet avis qui exclut l'admission d'une classe spéciale d'eaux azotées.

Nous ajouterons une remarque qui nous est suggérée par l'observation comparative des phénomènes constatés dans des salles d'inhalation très diverses. Les effets sédatifs, attribués à tort à l'azote, sont communs à presque toutes les salles d'inhalation, par exemple au Mont-Dore, à Saint-Honoré, à Allevard, etc.

On a trop oublié certains agents des salles d'inhalation qui sont des facteurs communs : atmosphère calme, température en général modérée ; imprégnation de vapeur d'eau, présence de l'acide carbonique, soit qu'il fasse partie des gaz introduits, soit qu'il provienne de la respiration des malades. On a déjà remarqué depuis longtemps que certaines irritations de poitrine ou nerveuses trouvent le calme dans des centres de réunion, tels que salles de bal, de concert,

de spectacle, lesquelles à un certain point de vue
sont des salles d'inhalation. Jusqu'aux dyspeptiques
qui retrouvent l'appétit après quelques heures pas-
sées dans ces milieux ! Mais on a l'horreur des explications simples ; il faut, à tout prix, faire de la
science.

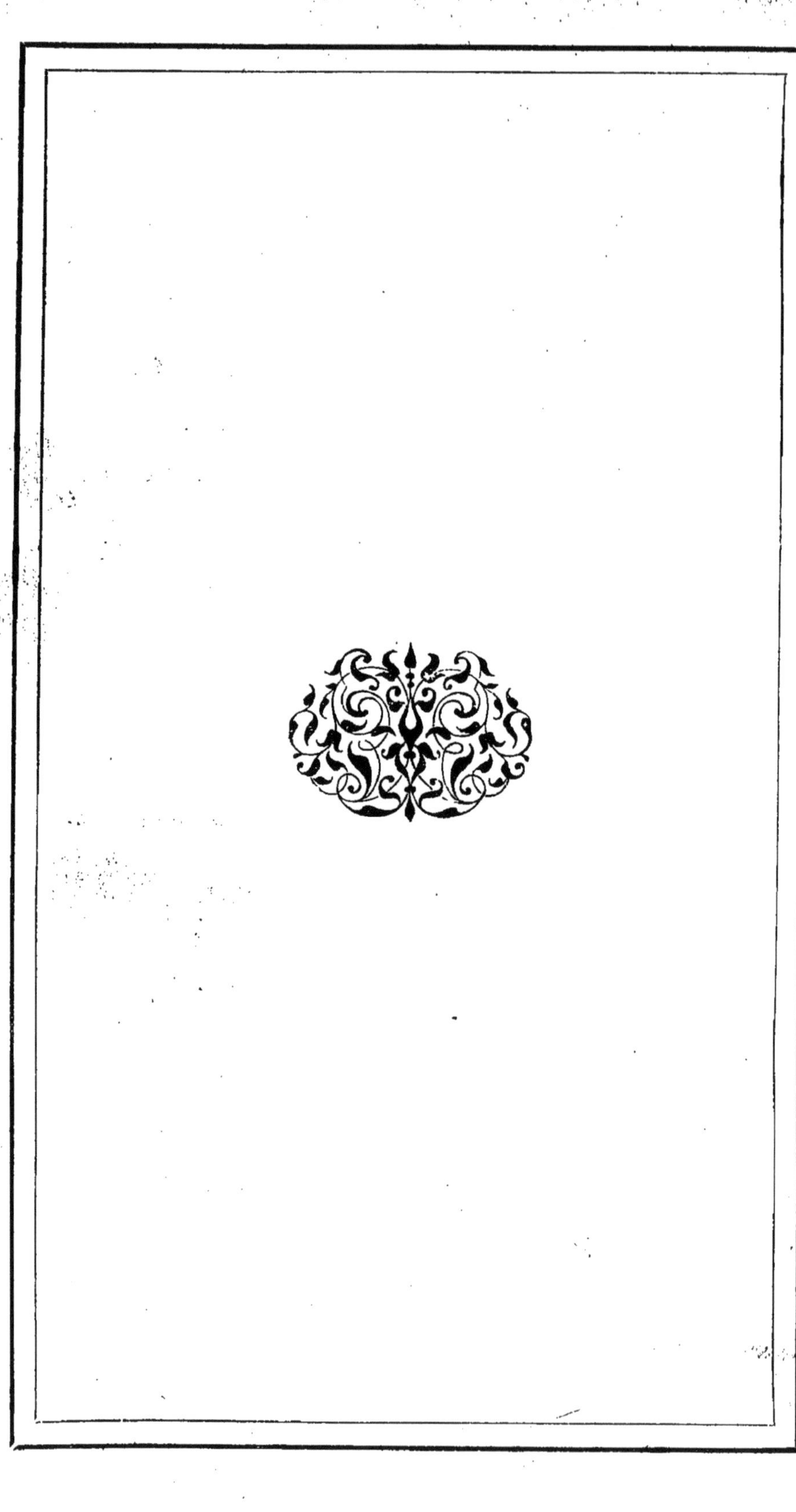

www.ingramcontent.com/pod-product-compliance
Ingram Content Group UK Ltd.
Pitfield, Milton Keynes, MK11 3LW, UK
UKHW022348170726
13837UKWH00005BA/2483